KB268255

지은이 **노명우**

아주대학교 사회학과 교수이자 서울 연신내에 위치한 인문사회과학 전문 독립서점 '니은서점'의 마스터북텐더로 활동하고 있다. 베를린 자유대학교에서 사회학 박사 학위를 받았으며, 교직에 있으면서 사회학의 대중적 지평을 넓히는 데 앞장서 왔다. 대학 강단과 서점 현장, 그리고 시민의 평범한 일상 사이를 부지런히 오가며 지식이 고여 있지 않고 우리 사회 곳곳으로 흐르도록 다리를 놓는 일을 자신의 소명으로 삼아 왔다. 저서로는 우리 시대의 불안과 욕망을 해부한 『세상물정의 사회학』을 비롯해, 현대인의 고독과 실존을 다룬 『혼자 산다는 것에 대하여』, 한 개인의 삶을 통해 한국 현대사를 재구성한 『인생극장』 등이 있다. 지식은 경쟁의 도구나 타인을 제압하는 수단이 아니라, 공통의 가치를 실현하기 위한 인류의 오래된 성찰이자 지적 유산이라는 믿음 아래, 소수 전문가의 전유물로 여겨지던 고전을 시민들과 함께 읽고 토론하는 '생각학교'를 운영하고 있다. 또한 그 사유의 기록을 정리한 『교양고전독서』(전 4권 예정) 시리즈를 세상에 선보였다.
50년 넘게 책을 읽고 20여 년간 집필을 이어왔지만, 대표작은 아직 오지 않은 미래의 책이라 믿는다. "배워서 남 주자"라는 좌우명을 나침반 삼아, 오늘도 읽고 쓰며 배우는 삶의 한복판에 기꺼이 서 있다.

필사를 하자,
가슴속에 불가능한 꿈을 품고

필사를 하자,
가슴속에 불가능한 꿈을 품고

2026년 2월 13일 초판 1쇄 발행

글 노명우
편집 이기선, 김희중, 곽명진 · 디자인 쿠담디자인
펴낸곳 원더박스 · 펴낸이 류지호
주소 (03173) 서울시 종로구 새문안로3길 30, 대우빌딩 911호
전화 02-720-1202 · 팩시밀리 0303-3448-1202
출판등록 제2024-000122호(2012. 6. 27.)

ISBN 979-11-92953-75-5 (03300)

원더박스

책을 읽는 방법은 다양하다. 한적한 곳을 찾아 자세를 가다듬고 눈으로 한 글자 한 글자, 한 문장 또 한 문장을 읽어 내려가는 묵독은 가장 익숙하고 보편적인 책 읽기 방법이다. 읽는 책이 셰익스피어의 희곡이거나 호메로스의 『일리아스』와 『오디세이아』와 같은 서사시라면 소리 내어 읽는 낭독도 좋다. 소리 내어 읽으면 눈으로만 읽을 때와는 다른 새로운 맛을 느낄 수 있다. 깊게 읽어 책을 나의 것으로 만들고 싶다면 문장을 종이 위에 천천히 한 글자씩 정성스레 자신의 손으로 옮기는 것도 좋은 방법이다. 그것을 필사라 한다. 디지털화된 세계에서 '뇌썩음'의 징후를 온몸으로 느끼고 있고, '뇌썩음'의 상태에서 벗어날 수 있는 해방구를 찾는 독자에게 필사는 우리 시대에 가장 적절할 뿐만 아니라 효과적인 디지털 디톡스 방법이다.

필사는 인쇄된 텍스트를 손글씨로 옮겨 놓는 단순한 일처럼 보이지만 그 어떤 책 읽기보다 능동적인 행위이다. 필사를 하는 동안 우리는 이미 오래전 상실한 시간에 대한 통제력을 되찾는다. 필사하는 사람이 속도를 결정한다. 알고리즘이 추천하는 쇼츠와 릴스를 볼 때처럼 다급한 템포에 우리의 몸을 맡기지 않아도 된다. 가장 편안함을 느끼는 시간대에, 지적 능력이 극대화되는 최적의 공간에서, 종이의 질감을 확인하며 필기구가 종이와 마찰하며 내는 소리를 들으며 내게 안성맞춤인 템포로 문장을 옮겨 적다 보면 어느새 우리는 알고리즘에게 빼앗겼던 시간의 주권성을 회복한다. 뿐만 아니다. 그저 눈으로 읽을 때 텍스트는 구경거리 중 하나에 불과했지만, 그 텍스트를 나의 손으로 옮겨 적음으로써 독자는 단순한 구경꾼에서 작가와 함께 사유하는 사람으로 변한다. 필사는 단순한 '옮겨 적기'가 아니라 읽은 것을 온전히 내 것으로 만드는 '지식의 체득 과정'이다.

사회과학의 명문장 100개를 모아 이 책을 만들었다. 사회과학의 명문장은 예쁜 문장의 모음집은 아니다. 사회과학은 미문을 지향하지 않는다. 사회과학은 낭만적 기대로 칠해지지 않은, 있는 그대로의 사회의 민낯을 포착하여 현재의 문제를 발견하고, 발견된 문제를 해결할 수 있는 실마리를 찾아내 그것을 문장으로 표현한다. 사회과학은 현실을 정확히 포착해 낼 수 있는 정교한 단어를 선호한다. 사회과학의 책은 엄선된 단어가 논리라는 실로 꿰어져 만들어진 문장의 집합체이다. 사회과학이 빚어낸 정교한 단어와 문장을 내 손으로 직접 써 내려가는 과정은, 우리가 발 딛고 선 현실의 구조를 직시하는 훈련이다. 세상을 있는 그대로 보아야만 우리는 비로소 그 누구에게도 지배당하지 않는 단단한 자아를 가질 수 있다.

이 책에 담긴 100개의 명문장은 우리 시대를 밝히는 100명의 현인과 같다. 이 문장들을 필사하면서 우리는 그 현인을 각자의 정신적인 '나만의 방'으로 초대해 그들과 대화를 나누게 될 것이다. 현실을 가장 정교하게 포착한 문장들을 필사하다 보면, 어느새 우리는 역설적으로 그 냉철한 논리 끝에서 피어나는 '불가능한 꿈'을 가슴속에 품고 있을 것이다. 필사를 통해 정밀한 사유와 더불어 세상을 바꿀 수 있는 용기까지 우리의 것이 되는 그 순간의 도래를 믿어 의심치 않으며 이제 펜을 손에 쥐고 필사를 시작하자.

차례

PART 5

권력과 통치에 대하여

PART 6

우리가 살고 싶은 나라

일러두기

---

1. 저작권이 만료된 책에 대해서는 출처 표기를 하지 않고 원저의 제목과 출간연도만 표기했습니다.

2. 저작권이 유효한 책에 대해서는 별도로 허가를 얻어 책 말미에 출처를 표기했습니다.

3. 해당 문장이 담긴 도서명은 『』로, 논문과 연설문 등은 「」로 표시했습니다.

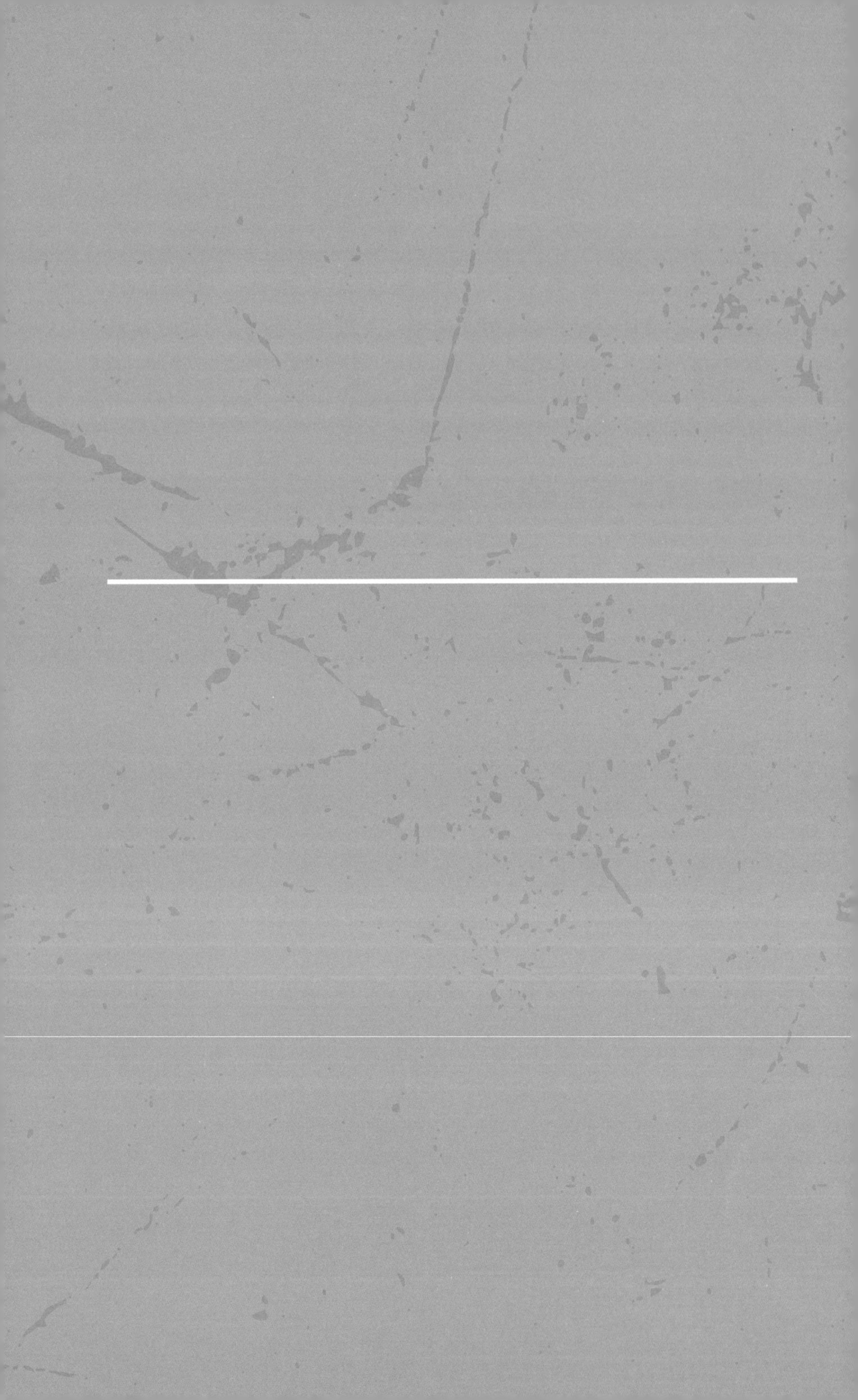

시대의 문제를 포착하는 혜안

01 모든 사상은 시대의 산물이다

인간의 사상은 진공 상태에서 형성되는 것이 아니다.
사상은 사회적 상황에 뿌리를 두고 있다.

카를 만하임, 『이데올로기와 유토피아』(1929)

내가 생각한다고 믿지만, 어떤 경우 우리의 생각은 특정 시대의 지배적인
생각 방식을 그대로 따라 한 것일 수도 있다. 사회학자 카를 만하임은
현재의 질서를 유지하고 정당화하려는 욕망 때문에 현실의 모순을
인식하지 못하는 이데올로기에서 벗어나기 위해서는 무엇보다 지식의
존재구속성을 알아채는 것이 필요함을 역설한다.

삶이 의식을 규정한다

의식이 삶을 규정하는 것이 아니라,
삶이 의식을 규정한다.

카를 마르크스, 『독일 이데올로기』(1845~1846)

인간의 사상은 독립적으로 존재하는 게 아니라, 그 시대 특유의 사회적 관계에 뿌리를 두고 있다. 그렇기에 생각을 바꾸는 것만으로는 충분하지 않다. 그 생각을 규정한 삶 자체의 변화도 필요하다. 『독일 이데올로기』는 독일 관념론을 비판하고 역사 유물론을 체계화한 저작으로, 마르크스의 철학을 이해하는 데 핵심적인 책이다.

사람들이 야만이라고 부르는 것은 사실…

사람들은 누구나 자기 관습에 없는 것을 야만이라고 부를 뿐이다. 사실 우리는 자신이 사는 곳의 사고방식과 관습, 우리가 관찰한 사례와 개념을 제외하면 진리와 이성의 척도를 가지고 있지 않다. 언제나 우리가 사는 곳에만 완벽한 종교, 완벽한 정치 그리고 매사에 적용되는 완벽하고 비할 바 없는 관습이 있다고 믿을 뿐이다.

미셸 드 몽테뉴, 『에세』(1580)

이분법에 의한 분류는 명확해 보이지만, 이분법적 분류는 때로 흑백논리로 귀결되기도 한다. 진리에 도달하기 위해서는 우선 나만의 것이 옳다는 편향된 마음을 버려야 한다. 몽테뉴는 자신의 생각과 판단을 끊임없이 시도해 본다는 뜻을 지닌 『에세(Essais)』에서 야만이라고 부르는 것에 대한 선입견을 실험대에 올려놓고 이 문장을 썼다. 나의 것만 우월하고 타인의 것은 그렇지 않다는 마음의 편향성은 그 자체가 야만적이다.

우리의 도덕감정을 타락시키는 것

부자와 지위 높은 자들을 칭찬하고 거의 숭배하며 가난한 이와 비천한 사람들을 멸시하거나 적어도 무시하는 성향은, 사회의 신분과 질서를 확립하고 유지하는 데 필요할지라도, 동시에 우리의 도덕감정을 타락시키는 가장 크고 보편적인 원인이다.

애덤 스미스, 『도덕감정론』(1759)

인간은 자신의 이익을 본능적으로 우선시하지만, 동시에 인간이기에 이웃의 고통을 외면하지 않는 동료의식을 지니고 있기도 하다. 동료의식을 기반으로 인간 고유의 도덕감정이 만들어진다. 그러하기에 동료의식을 약화시키는 그 모든 것은 도덕감정 유지에 해가 된다. 경제학자로 알려졌지만 진정한 면모는 도덕철학자였던 애덤 스미스의 생각이다.

05 가난하게 산다는 것은

제르베즈는 더 형편없는 곳으로 굴러떨어져 매일 굶주림으로 조금씩 죽어 갔다. (…) 죽음은 조금씩 조금씩, 한 조각씩 또 한 조각씩, 그렇게 제르베즈를 차지해 가면서 그녀가 일구어 온 끔찍한 인생을 끌고 갔다. 그녀가 왜 죽었는지도 알 수 없었다. 사람들은 제멋대로 떠들어 댔다. 하지만 사실 제르베즈는 비참한 가난 때문에, 엉망으로 망쳐 버린 삶의 불결함과 고단함 때문에 죽었다.

에밀 졸라, 『목로주점』(1877)

19세기 프랑스 문학을 대표하는 자연주의 작가 에밀 졸라는 소설 형식으로 사회를 분석한 학자라 해도 과언이 아닐 정도로 사회현상에 대한 정밀한 분석을 해내고 있다. 가난에 시달리다 비참한 죽음을 맞이하는 제르베즈의 삶을 통해 졸라는 가난의 원인을 오로지 가난한 사람의 게으름 탓으로 돌리는 건 가난한 사람에게 모멸감을 주는 일임을 강조하고 있다.

기술문명의 발전으로 우리가 얻는 것은?

문명은 모든 것을 복잡하게 만들었고,
우리는 그 속에서 길을 잃었다.

페르난두 페소아, 『불안의 책』(1982)

기술의 진보는 문명을 낳지만, 발전한 기술은 우리로 하여금 대가를 치르게 한다. 예를 들어 저기술 상태에서 원자폭탄 제조는 불가능하지만, 원자폭탄 제조를 가능하게 한 기술의 진보는 우리에게 새로운 근심을 안겨 준다. 『불안의 책』은 포르투갈의 대표 작가 페르난두 페소아가 생전에 기록한 에세이들을 그의 사후에 뒤늦게 발견하고 묶어서 출간한 책이다. 그는 독립되면서도 깊이 연관된 글들을 통해 우리에게 생각거리를 던진다.

재물과 우리가 바꾼 것

재물은 결코 혼자 오는 것이 아니라, 많은 병폐와
끝없는 부담과 분쟁을 동반합니다.

프란체스코 페트라르카, 『고독한 생활』(1346)

이탈리아의 인문주의자 페트라르카가 1346년 보클뤼즈(Vaucluse)에
은거하며 집필한 에세이가 『고독한 생활』이다. 모든 사물에는
밝은 면이 있다면 어두운 면도 있다. 경제적 부의 어두운 면을
페트라르카는 놓치지 않는다.

상품은 단순한 물리적 대상 그 이상이다

상품은 감각적으로 인식될 수 있는 것이면서 동시에
초감각적인 어떤 것이다.

카를 마르크스, 『자본』(1867)

자본주의 사회의 속성을 분석한 카를 마르크스의 『자본』에 나오는
문장이다. 상품은 눈으로 보고 손으로 만질 수 있는 물리적 대상이면서
동시에 우리를 매혹시켜 멀어지지 못하도록 만드는 신비한 대상이다.
마르크스는 상품의 초감각적인 성격을 물신성(物神性)이라 부른다.

탐욕을 제어하지 않는다면

세상에는 모든 사람의 필요를 충족시킬 만큼 충분한 자원이 있지만,
모든 사람의 탐욕을 충족시킬 만큼은 충분치 않다.

마하트마 간디, 「마하트마 간디: 마지막 단계」(1958)

마하트마 간디가 현대 문명의 위기는 자원 부족이 아니라 인간의 끝없는
욕망에서 기인함을 지적하기 위해 연설문에서 한 말이다. 탐욕을 조절하지
않으면, 아무리 풍부한 자원도 부족하다.

인간은 돈을 먹고 살 수는 없다

우리가 마지막 강물 한 방울까지 마시고, 마지막 나무 한 그루를
베어 내고, 마지막 물고기 한 마리까지 잡았을 때에야 비로소 우리는
돈을 먹을 수 없다는 것을 깨달을 것이다.

북아메리카 원주민 크리족 속담

환경 운동 단체인 그린피스(Greenpeace)가 인용하여 널리 알려지게 된
북아메리카 원주민 크리족의 속담이다. 생존에 필수적인 자연이 파괴되면,
자연을 파괴하면서까지 얻은 화폐 역시 무용지물임을 지적함으로써 생태계
파괴의 위험을 지적하는 문장이다.

우리를 어떤 사슬이 묶고 있다

인간은 본성적으로 자유롭게 태어났지만,
어디에서나 사슬에 묶여 있다.

장 자크 루소, 『사회계약론』(1762)

『사회계약론』은 프랑스 혁명의 성서로 불리며 현대 민주주의의
토대가 된 저작이다. 『사회계약론』의 첫 문장이자 정치 철학사에서 가장
유명한 이 문장으로 루소는 간결하지만 정확하게 자유롭게 태어난 사람을
사슬에 묶어 두는 지배의 정당성을 묻는다.

전제정치는 개인주의를 먹고 자란다

신분 질서, 계급, 각종 조합, 가족 따위의 낡은 유대가 더 이상 개인들의
결합을 유지하지 못하게 되면, 사람들은 자신의 개별 이익에만 전적으로
몰두하는 경향을 보이거나 응당 자기 자신만을 생각하게 된다. 모든
공적 미덕이 질식당한 협소한 개인주의 속으로 칩거해 버리는 것이다.

알렉시 드 토크빌, 『앙시앙 레짐과 프랑스 혁명』(1856)

토크빌은 여기서 프랑스 혁명을 통해 프랑스가 얻은 것과 잃은 것을
비교한다. 혁명 이전 프랑스 사람들은 신분, 계급, 조합, 가족 등의 사슬에
묶여 있었기에 자유롭지 않았지만, 한편으로 공동체에 헌신을 사회적
의무라 여겼다. 프랑스 혁명이 이 사슬을 끊어 버리면서 사람들은
원자화되었고, 공공의 일에 무관심해졌다. 그리고 이렇게 원자화된
개인주의가 전제정치를 자라게 하는 완벽한 토양이 되는 아이러니를
표현하는 문장이다.

교조주의는 민주주의를 가로막는 장벽이다

13

교조주의는 평화의 적이며 민주주의를 가로막는 장벽이다. 현 시대에는 과거 못지않게 교조주의가 인간의 행복을 가로막는 가장 큰 정신적 장애물이다. 교조주의는 아는 것을 확신하고, 회의주의는 모르는 것을 확신한다.

버트런드 러셀, 『인기 없는 에세이』(1950)

자신만이 절대적 진리를 소유하고 있다고 믿는 교조주의는 다른 의견을 가진 사람을 제거해야 하는 악으로 규정하기에 민주주의의 위험 요소가 된다. 반면 회의주의는 나의 생각이 틀릴 수도 있다는 지적 겸손의 표현이다. 교조주의를 경계하는 여러 편의 에세이를 담은 러셀의 이 책은 제목과는 다르게 러셀의 저서 중 가장 인기 많은 책 중 하나가 되었다.

14 숙고의 시간

실용주의는 회상이나 숙고를 위한 시간이 없는 사회를 반영한다.

막스 호르크하이머, 『도구적 이성 비판』(1947)

민주주의의 핵심은 빠른 결론에 도달하는 것이 아니라, 결론에 도달하는
과정의 정당성이다. 충분한 시간을 두고 모든 소수의견까지 청취하는
숙고의 시간인 숙의(熟議)는 민주주의라는 꽃을 피우는 토양이다.
빠른 결정이 항상 옳은 게 아니다. 막스 호르크하이머는 비판 이론의
창시자로, 이성이 목적 달성을 위한 도구로만 사용되는 경향을 경계했다.

노동이 즐겁지 않은 까닭

개인의 노동은 만일 살기를 원한다면 반드시 거기에 복종해야 하는, 개인이 조정할 수 없는, 독립된 힘으로 조작되는 장치를 위한 작업이다. 일하는 동안에 인간은 자신의 요구와 능력을 충족시키지 못하고 소외 속에서 작업한다. 일은 일반화되고 리비도 위에 가해진 억제도 일반화된다. 개인 생활시간의 대부분을 차지하고 있는 노동시간은 고통스러운 시간이다. 왜냐하면 소외된 노동이란 만족의 부재이며, 쾌락원칙의 부정이기 때문이다.

허버트 마르쿠제, 『에로스와 문명』(1955)

일하는 사람이 만든 물건이 노동자의 소유가 되기는커녕 노동자를 지배하는 낯선 힘으로 나타나는 현상을 소외라고 한다. 노동의 소외가 지속되는 한 일하는 사람은 노동 바깥에 있을 때 편안함을 느끼고, 노동 속에 있을 때는 편안함을 느끼지 못한다.

정치적이라는 것의 참된 의미

정치적이라는 것, 즉 폴리스에서 생활한다는 것은 힘과 폭력이
아니라 말과 설득을 통하여 모든 것을 결정함을 의미한다.
그리스인들은 폭력으로 사람을 강제하며, 설득하기보다 명령하는 것을
전(前)정치적으로 사람을 다루는 방식이라고 생각한다.

한나 아렌트, 『인간의 조건』(1958)

'정치적'이라는 단어는 권모술수라는 의미로 사용되기도 한다.
'정치적'이라는 단어가 풍기는 부정적 느낌을 내세워 탈정치성을
정당화하는 사람도 적지 않지만, 인간의 조건을 정치 행위적인 측면에서
탐구하는 아렌트는 '정치적'이라는 단어의 본래 뜻을 되새긴다. 고대
그리스에서 '정치적'이라는 단어는 폭력, 강제, 명령 없이 사회적 결정을
내리는 과정을 의미했다.

인간을 사물로 격하시키는 사물화

사물화란 인간들 사이의 관계가 사물적인 성격을 떠게 됨을 의미한다. 이로써 인간의 관계는 유령 같은 객관성을 획득하게 되며, 이것이 인간을 지배하는 자율적인 법칙인 양 행세하게 된다.

게오르그 루카치, 『역사와 계급의식』(1923)

상품 물신성에 전적으로 지배받는 사회에서는 사실상 사람과 사람의 관계조차도 사람의 모습을 확인하지 못하고 오로지 사물과 사물의 관계로 오인하게 된다. 사물화는 우리의 눈을 가려 실제로 관계 맺고 있는 사람을 보지 못하게 하도록 인식을 마비시키는 메커니즘이다.

PART 2

진실을 외면하지 않는 용기와 지혜

학문이 없는 여가는

학문이 없는 여가는 죽음이며,
그것은 살아 있는 사람을 위한 무덤이다.

세네카, 『루킬리우스에게 보내는 도덕 서한』(63~65년경)

자유롭게 할애할 수 있는 여가 시간을 무엇으로 채우는지에 따라 사람의
인격은 달라진다. 그 빈 시간을 향락으로 채울 것인가 혹은 철학을 읽고
자신을 성찰하며 정신을 고양시키는 능동적인 지적 활동을 위한 시간으로
만들 것인가에 따라 달콤한 휴식의 품위 여부가 결정된다. 로마의
철학자이자 정치가인 세네카는 젊은 동료 루킬리우스에게 보내는 124편의
편지를 써서 인생의 지혜를 전했다.

병적 징후가 출현하는 이유

위기는 바로 낡은 것은 죽어 가는데 새로운 것은 아직 태어나지 못하고 있다는 사실에 있다. 이 공백 기간이야말로 온갖 병적인 징후들이 출현하는 때다.

안토니오 그람시, 『옥중수고』(1947)

파시스트 무솔리니 정권에 반대했던 그람시는 1926년 투옥되었다. 그는 감옥에서 자신이 살아 낸 시대의 본질을 꿰뚫는 성찰을 메모로 남겼고, 그람시가 죽은 뒤 그 메모는 『옥중수고』라는 이름으로 출간되었다. 이전의 미덕은 사라졌으나 그 자리를 메꿀 수 있는 새로운 미덕이 등장하지 않았던 시대엔 온갖 병적 징후가 창궐한다. 그람시는 그런 시대를 살았다. 그런 시대는 현대에도 반복되고 있다.

20

계몽의 진정한 의미

인간은 자신이 스스로 초래한 미성년 상태로부터 벗어나야 한다.
과감히 알려고 하라! 자기 자신의 지성을 사용할 용기를 가져라!
이것이 계몽의 슬로건이다.

임마누엘 칸트, 「계몽이란 무엇인가에 대한 답변」(1784)

칸트가 1784년에 발표한 근대 철학의 정점이자 계몽주의 시대의 도래를
알리는 선언이자, 계몽주의가 꿈꾸는 '계몽'의 참된 의미를 밝혀 주는
문장이다. 자신의 지성을 타인의 지도 없이 사용하지 못하는 사람은 여전히
미성년 상태에 머물러 있는 것이다. 계몽이란 타인의 지도 없이 지성을
사용하려는 결단과 용기의 다른 이름이다.

비틀거리더라도 내가 생각하기

인간 내면에서 가장 중요한 혁명은 '인간이 자기 탓인 미성숙에서 벗어남'이다. 이제까지는 타인들이 그를 대신하여 생각했고, 그는 한낱 모방을 하거나 걸음마 줄에 따라 인도되었다면, 이제 그는 경험의 지반 위에서 자신의 발로 서서, 비록 아직 비틀거리기는 하지만 전진한다.

임마누엘 칸트, 『실용적 관점에서의 인간학』(1758)

칸트가 말하는 '어른'은 나이를 먹은 사람이 아니다. '성인됨'은 '걸음마 줄'이 주는 안전함을 포기하고, 비틀거리고 깨질 위험을 감수하면서 기꺼이 세상과 맞서는 것을 의미한다. 남의 답을 베끼지 않고, 내 경험으로 내 답을 찾는 과정을 칸트는 '계몽'이라 불렀다.

22

사람과 짐승의 차이는 미약하기에

사람이 짐승과 다른 점은 아주 미세한 차이에 불과하다. 사람들은 그 차이를 소홀히 여기지만, 군자는 지켜 낸다.

맹자, 『맹자』(B.C. 4세기경)

사람도 동물처럼 먹고, 자고 번식한다. 이 점을 고려하면 사람과 동물의 차이는 미약하다. 이 차이가 미약하기에 의식적으로 노력하지 않으면 사람은 짐승으로 떨어질 수도 있는 존재이다. 군자란 다름 아닌 그 미약한 차이를 의식적 노력으로 지켜 내는 사람이다.

이해가 잘되는 글이 좋은 글이다

불명료한 방식으로 글을 써서는 안 된다는 것이다. 한 편의 글은 이해가 잘될수록, 애매모호한 해석의 여지가 적을수록 더욱 가치 있고 더욱 널리, 영구히 퍼질 수 있는 희망이 있기 때문이다.

프리모 레비, 『고통에 반대하며』(1985)

아우슈비츠 수용소의 생존자 프리모 레비는 아우슈비츠의 참상을 전달하려 한다. 그는 비명을 지르는 대신 자신이 겪은 현대의 야만을 겪지 못한 사람들에게 이해시키고자 했다. 이해받지 못하는 글을 쓰는 것은 독자에 대한 예의가 아니며 자신에 대한 기만이라고 믿었던 프리모 레비에게 글쓰기에서의 모호함은 자신의 적이었다.

24

토론은 왜 필요한가

인간 사이에서 합리적 의견과 합리적 행동이 중시된 이유는 무엇인가? (…) 그것은 인간 정신의 특성, 즉 하나의 지적 또는 도덕적 존재로서의 인간에 내재하는 존경할 만한 모든 것의 근원, 말하자면 인간의 잘못은 고칠 수 있다는 점에 근거한다. 인간은 자신의 잘못을 토론과 경험을 통해 고칠 수 있다. 단순히 경험에 의해서만이 아니다. 경험이 어떻게 해석되어야 하는가를 밝히려면 반드시 토론이 필요하다.

존 스튜어트 밀, 『자유론』(1859)

존 스튜어트 밀에게 진정한 민주주의는 생각과 토론의 자유가 보장되어 있는 상태이다. 인간은 무오류의 존재가 아니다. 자신의 의견에 잘못이 있을 수도 있다는 점을 인정하는 성숙한 사람은 자신의 잘못을 교정할 수 있는 유일한 방법이 토론이라 믿기에 토론을 두려워하지 않는다. 『자유론』은 19세기 영국의 사상가 존 스튜어트 밀의 대표적인 저서이며, 오늘날까지 큰 영향을 발휘하는 자유주의의 고전이다.

25

철학은 올바른 삶에 대한 이론이어야 한다

'슬픈 학문'은 헤아릴 수 없는 세월 동안 철학의 본원적인 용무로 인정되었으나 철학이 방법론으로 변질된 이후 지성의 냉대를 받거나 자의적 경구에 머물다가 끝내는 잊혀지게 된 영역, 즉 올바른 삶의 이론에 관한 것이다. 예전에 철학자들이 '삶'이라 부른 것은 어떤 자율성이나 독자적 실체도 지니지 않은, 물질적 '생산 과정'의 부속물이 됨으로써 사적 영역이나 단순한 소비의 영역으로 변했다.

테오도르 아도르노, 『미니마 모랄리아』(1951)

유대인 사상가 테오도르 아도르노는 나치 집권 시절 죽음의 위험을 피해 미국으로 망명했다. 그는 망명 시절 '상처받은 삶에서 나온 성찰'을 소재로 여러 편의 에세이를 썼다. 올바른 삶과 철학은 분리되지 않아야 함에도 불구하고, 출세를 위한 수단으로 전락한 학문에서 아도르노는 야만의 징후를 읽어 낸다. 그에 따르면 공부는 올바른 삶을 향하는 길을 찾는 지적 노력이어야 한다.

26

진실은 하나가 아니다

진실은 하나, 오직 하나일 뿐이라는 것을 아는 사람은 현명하다. 그러나 진실이 여러 이름으로 불리고 무수한 경로를 통해 그것에 다가갈 수 있다는 것을 받아들인 사람은 더 현명하다.

월레 소잉카, 『오브 아프리카』(2012)

월레 소잉카는 1986년 아프리카인 최초로 노벨문학상을 수상한 나이지리아의 작가이다. 『오브 아프리카』에서 소잉카는 아프리카가 세계 문명에 기여할 수 있는 인본주의적 가치를 역설한다. 그는 세상에 진실이 단 하나일 것이라는 믿음, 그 하나뿐인 진실을 나만 알고 있다는 확신에서 벗어난 다원주의적 사고방식에서 그 방법을 찾는다.

광신도에겐 이성의 빛을 쬐어야 한다

광신도 수를 감소시킬 묘안이 있다면 그것은 광신이라는 이 정신의
질병에 이성의 빛을 쬐는 방법일 것이다. 이성이라는 요법은 인간을
계몽하는 데 효과는 느리지만 절대 실패하지 않는 처방이다.

볼테르, 『관용론』(1763)

프랑스 계몽주의를 상징하는 볼테르는 1761년 툴루즈에서 발생한
살인사건이 당시의 종교 분쟁과 연관된 조작 사건임을 밝히기 위해
백방으로 노력했다. 그는 진실 규명을 위한 사회참여의 과정에서 쓴
『관용론』에서 당대의 광풍이었던 '광신'을 치료해야 할 질병으로 규정한다.
그 질병을 치료할 수 있는 유일한 해법은 '이성'이다.

28

대중 출신의 지식인은 없다

대중 출신의 지식인은 없다. 간혹 대중 출신이 있긴 하지만, 그들은 대중과의 연대감을 느끼지 않으며 대중을 모르고 대중의 필요를 느끼지 못하고, 대중의 열망과 정서를 모른다. 그래서 지식인은 대중의 저편에 서 있는, 따로 떨어져 공중에 흩어진 어떤 것이다. 지식인은 특권 계급이며 대중과 유기적인 관계를 맺지도, 주어진 역할을 해내지도 못한다.

안토니오 그람시, 『옥중수고』(1947)

이탈리아의 파시즘과 전 생애에 걸쳐 투쟁했던 안토니오 그람시는 억압받는 사회적 계급의 삶을 반영하고 대변하는 지식인의 부재를 아쉬워한다. 그는 노동자 계급의 내부에서 나와 그들의 느낌과 경험을 논리적으로 체계화하고 조직하는 지식인을 기다린다.

중립적인 입장이 정답은 아니다

자신에게 있어 고백이란 나와 타자의 형식과는 무관하게 자기 자신에 대한 객관적인 태도의 시도이다. 그러나 이러한 형식에서 멀어지면 가장 본질적인 것이 상실된다. 나와 타자의 관계에서 중립적인 입장이란 살아 있는 형상으로도, 윤리적인 이념으로도 불가능하다.

미하일 바흐친, 「미적 활동에서의 작가와 주인공」(1924)

절대적이고 무조건적인 중립은 불가능하다. 불가능한 중립을 내세우는 것보다, 자신이 누구의 편인지를 분명히 인식하고 자신이 편들고 있는 집단이 원하는 것이 정의로운지 혹은 편파적인지에 대해 생각하는 게 필요하다. 러시아의 사상가 바흐친의 문장이다.

30

방치된 지성으로는 할 수 있는 게 없다

맨손으로는, 또한 그냥 방치된 지성만으로는 할 수 있는 일이 별로 없다. 손도 도구가 있어야 일을 할 수 있듯이, 지성도 도구가 있어야 무슨 일이든 할 수 있다. 도구를 쓰면 손의 활동이 증진되거나 규제되는 것처럼, 인간의 정신도 도구를 사용하면 지성이 촉진되거나 보호된다.

프랜시스 베이컨, 『신기관』(1620)

"아는 것이 힘이다"라는 유명한 문장을 남긴 프랜시스 베이컨은 중세 스콜라 철학의 맹목적 믿음을 거부하고 근대 과학과 이성적 사고의 문을 연 혁명가였다. 베이컨은 단지 안다는 것만으로 충분하지 않음을 지적하며 인간의 지성은 변화를 위한 도구가 되어야 함을 강조한다.

지능과 지성의 차이

지능은 앎의 한 속성으로서 좁은 범위의 즉각적인 상황 속에서
파악하고, 조절하고, 재배열하고, 조정하는 탁월한 능력이다. (⋯) 반면
지성은 비판적이고, 창조적이며, 사색적인 정신의 측면이다. 지능이
무언가를 '해내는' 방법의 곤란함을 포착한다면, 지성은 무언가를 '해야
하는' 이유와 방법을 평가한다.

리처드 호프스태터, 『미국의 반지성주의』(1963)

누구나 인공지능(AI)에 대해 말하는 시대이다. 민주주의와 실용주의가
발달한 사회에 만연한 지성(intellect)에 대한 혐오와 불신에 맞서
호프스태터는 실용적이고 도구적 문제해결 능력인 지능(intelligence)이
아니라 지성의 회복을 촉구한다.

32

참된 교육이란

교육은 소위 인간 형성도 아니고, 죽은 사람들에 의해 충분히 물화된 것이 입증된 지식 전달도 아닙니다. 교육은 오히려 올바른 의식의 형성입니다. (…) 아우슈비츠가 두 번 다시 되풀이되지 않도록 하는 것, 이것이 교육의 가장 우선적인 과제입니다. 다른 어떤 과제도 이보다 중요하지 않습니다.

테오도르 아도르노, 「아우슈비츠 이후의 교육」(1966)

아도르노에게 교육의 목표는 인재 양성이나 지식 전달이 아니라, 나치즘이라는 야만의 재발 방지에 있다. 칸트의 계몽 개념을 계승하여, 아도르노는 교육의 우선 과제는 미성숙한 사람을 성숙의 단계로 끌어올리는 것이라 주장한다.

불평등은 두 종류가 있다

나는 인류에게 두 가지 불평등이 있다고 생각한다. 하나는 자연적 또는 신체적 불평등이라고 부르는 것이다. 이것은 자연에 의해 정해지는 것으로 나이, 건강, 체력의 차이와 정신이나 영혼의 자질 차이로 성립된다. 또 다른 불평등은 일종의 약속에 좌우되고, 사람들의 동의로 정해지거나 적어도 용납되는 것으로 도덕적 또는 정치적 불평등이라고 할 수 있다. 후자는 일부 몇몇 사람들이 다른 사람들에게 손해를 끼쳐 누리는 갖가지 특권들에 의해 성립된다.

장 자크 루소, 『인간 불평등 기원론』(1755)

1753년 디종 아카데미는 "인간들 사이 불평등의 기원은 무엇이며, 불평등은 자연법에 의해 허용되는가"라는 주제로 논문 공모전을 시행했다. 루소는 공모전에 응모했지만 당선되지는 못했다. 공모전에 출품한 논문을 수정하여 루소는 『인간 불평등 기원론』이라는 제목으로 출간하였다. 자연에 의한 불평등과 달리 사회적 불평등은 사람의 선택에 따라 강화될 수도 완화될 수도 있다는 이 책의 핵심적 주장은 현대에도 여전히 유효하다.

여성 또한 이성적 존재이다

나는 여성이 처한 비굴한 의존 상태를 위장하기 위해 남성이 선심 쓰듯 내뱉는 귀엽고 여성스러운 어구들과, 여성의 성적 특징으로 간주되어 온 나약하고 부드러운 정신, 예민한 감성, 유순한 행동거지 등을 거부하고 아름다움보다 덕성이 낫다는 것을 밝히려고 한다. 남자든 여자든 한 인간으로서 자기만의 개성을 만들어 가는 것이야말로 가장 중요한 목표이므로, 모든 것이 이를 기준으로 평가되어야 할 것이다.

메리 울스턴크래프트, 『여성의 권리 옹호』(1792)

근대 페미니즘의 고전으로 꼽히는 『여성의 권리 옹호』에서 메리 울스턴크래프트는 '이성'의 빛이 남성에게만 비추던 시절에 여성도 이성을 가진 존재임을 천명하기 위해 이 문장을 썼다. 남성이 여성에게 보내는 찬사가 사실은 여성을 보호받아야 할 존재로 격하시키는 남성 지배의 도구임을 그는 간파한다. 울스턴크래프트의 딸은 SF 소설의 시초로 여겨지는 『프랑켄슈타인』의 작가 메리 셸리이다.

35

여성은 나약한 존재가 아니다

나는 루소부터 그레고리까지 여성 교육과 풍속에 대해 글을 써 온 모든
작가들은 분명히 여성을 더 부자연스럽고 나약한 존재, 그래서 사회에
더 무익한 존재로 만드는 데 일조해 왔다고 단언하는 바이다.

메리 울스턴크래프트, 『여성의 권리 옹호』(1792)

대표적 남성 계몽주의자 장 자크 루소는 여성을 남성의 보조자로만 여겼고,
당대의 베스트셀러 작가인 존 그레고리는 남자는 지적인 여성을 싫어하니
지식을 갖고 있더라도 숨기라고 조언했다. 울스턴크래프트는 당대의
상식이었던 여성 무능력론을 무력화시키고 여성의 능력을 세상에
증명하기 위해 이 문장을 썼다.

더 이상 필요 없는 남자를 위한 거울

여성은 수 세기 동안 거울 역할을 해 왔다. 남자의 모습을 실제보다 두 배나 커 보이게 하는 마법적이고 달콤한 힘을 지닌 거울로서.

버지니아 울프, 『자기만의 방』(1929)

여성이 글을 쓰기 위해서는 돈과 자기만의 방이 필요하다고 역설한 버지니아 울프는 오롯이 자신을 성찰하기 위해 자신만의 성채에 침거하여 『에세』를 쓴 몽테뉴의 현대 여성 버전이다. 오랫동안 남성을 비춰 주는 거울의 삶을 살았던 여성에게 버지니아 울프는 자기 자신을 비추는 발걸음을 시작하라고 말한다.

PART
3

함께 싸우자는 연대의 우정

37

혼자서는 할 수 없는 일이 많다

한 손으로는 아무것도 할 수 없다.

아프리카 속담

네안데르탈인은 호모 사피엔스보다 뇌 용량도 더 컸고, 신체도 건장했지만 멸종하였다. 호모 사피엔스는 살아남는 것을 넘어서 지구를 지배하는 종이 되었고 문명을 일구었다. 두 종의 운명을 가른 것은 개체의 지능 차이가 아니라 타인과의 연결 능력이었다.

연대의 힘은 그 무엇보다 강하다

종교는 경쟁과 질투를 없애고 오직 진리만을 향해 나아가게 하므로, 흩어진 마음을 하나로 모아 준다. (…) 아무리 수가 많은 적이라도 종교와 아사비야로 무장한 집단을 당해 낼 수는 없다.

이븐 칼둔, 『무깟디마』(1377)

서설(序說)이라는 뜻을 지닌 『무깟디마』는 14세기 튀니지 출신의 이븐 칼둔이 남긴 인류 지성사의 기념비적인 저작이다. 칼둔은 아랍 문화권 내 다양한 왕조의 흥망성쇠 원인을 분석하는데, 집단적 결속력 혹은 연대의식이라는 뜻을 지닌 '아사비야'는 그가 규명한 문명을 흥하게도 하고 쇠락하게도 만드는 요인이다. 연대의 힘이 무엇보다 강함을 그는 보여 준 것이다.

39

방관도 죄가 될 수 있다

내가 범죄를 방지하기 위해 할 수 있는 바를 행하지 않았다면, 나도 그 범죄에 대해 공동의 책임을 진다. 내가 타인의 살해를 막기 위해 생명을 바치지 않고 수수방관하였다면, 나는 법적 정치적 도덕적 죄 개념으로는 적절하게 파악할 수 없는 방식으로 유죄임을 느낀다.

카를 야스퍼스, 『죄의 문제』(1946)

카를 야스퍼스는 제2차 세계대전 이후 나치 범죄에 대해 독일인이 어떤 태도를 취해야 하는지를 고민했고, 그 고민의 결과를 『죄의 문제』에 담았다. 그는 인간의 죄를 네 단계로 분류했는데, 형법상의 죄와 정치적 죄 이외에도 양심을 따르지 않고 부당한 명령에 복종한 것과 동시대에 벌어지고 있는 범죄를 방치한 것도 죄가 될 수 있다고 봤다.

민주주의는 함께 사는 방식이다

민주주의는 단순히 정부의 형태가 아니다. 그것은 일차적으로 '함께 사는 방식'이며, 공유된 경험의 전달이다. 그것은 본질적으로 동료 인간에 대한 존경과 경외의 태도이다.

빌라오 람지 암베드카르, 『카스트의 철폐』(1936)

이 문장은 불가촉천민 출신의 인도 사상가 암베드카르가 힌두교 개혁 단체의 연례 회의 연설문으로 작성했으나, 내용이 급진적이라는 이유로 발표되지 못했고 나중에 책으로 출간된 책에 수록되어 있다. 그는 인도의 민주주의 실현은 카스트 제도의 철폐에 달려 있음을 강조한다. 민주주의는 함께 사는 방식인 반면 카스트 제도는 함께 사는 방식을 거부하는 제도이기 때문이다.

41

상호 연결되었을 때 비로소 우리는 인간이 된다

인간은 사료를 먹는 동물이 아니라 사랑을 먹는 존재다. 인간에게 사랑은 쓰임새보다 중요하다. 당신은 떠올릴 얼굴 없는 집을 사랑할 수 없으며, 그런 집을 향해 가는 발걸음은 아무런 의미가 없다.

앙투안 드 생텍쥐페리, 『성채』(1948)

생텍쥐페리의 『성채』는 그가 비행 정찰 중 실종되기 전까지 집필했던 미완의 유작이다. 그에 따르면 물리적인 사물 그 자체는 무의미하며, 인간의 영혼이 부여하는 '연결'만이 의미를 만든다. 인간의 삶이 가치를 지니기 위해서는 자신보다 더 위대한 무언가와 자신을 교환해야 한다. 그것이 진정한 자기 실현이다.

우정의 사회적 의미

우정을 맺는 것은 성스러운 일이다. 그것은 고결한 사람들 사이에서만 그리고 상대방을 존경하는 데서 생겨날 수 있다. (…) 잔인한 행동이 광란하는 곳에 우정은 절대로 존속되지 않는다. 죄악이 창궐할 때 친구 사이에는 배반이 발생한다. 이 경우 우정은 없고, 공범자만 있을 뿐이다. 이 경우 사랑은 없고, 오로지 공포감만이 존재한다.

에티엔느 드 라 보에티, 『자발적 복종』(1548)

1548년 불과 열여덟 살이었던 에티엔느 드 라 보에티는 당시로서의 상상도 할 수 없었던 급진적인 내용을 담고 있는 『자발적 복종』을 출간하였다. 인간의 내면에 도사린 노예 근성을 치명적 병이라 진단했던 그는 자유에 대한 열망을 되살리라고 호소하는데, 자유에 대한 열망을 지켜 가는 가장 큰 힘이 우정이라고 말한다.

문화 다양성이 필요한 이유

문화 다양성은 개인과 사회의 풍요한 자산이다. 문화 다양성의 보호,
증진, 유지는 현재와 미래세대의 이익을 위한 지속 가능한 개발의
필수 요건이다.

유네스코, 「문화적 표현의 다양성 보호와 증진 협약」(2005)

각양각색이 꽃이 자라는 꽃밭이 한 가지 꽃으로 가득 채워진 꽃밭보다
아름답다. 생태 다양성 보존이 지구의 건강함을 지킬 수 있는 해법이라면
인류의 아름다움과 건강함은 문화 다양성 보호를 통해 지켜질 수 있다.
그래서 유네스코는 문화 다양성 보호를 위해 2005년 「문화적 표현의 다양성
보호와 증진 협약」을 채택하였고, 한국도 이를 비준하였다.

자유로운 사람은 결사체를 형성하는 사람이다

자유로운 국가에서 개인은 고립되어 있지 않다. 그들은 서로 협력하여 공통의 목표를 추구하기 위해 수많은 결사체를 형성한다.

알렉시 드 토크빌, 『미국의 민주주의』(1835/1840)

알렉시 드 토크빌은 1831년 미국을 아홉 달간 여행하며 미국 사회의 여러 모습을 관찰하고 기록한다. 토크빌은 프랑스로 돌아와 이를 기반으로 미국 민주주의 제도에 대해 분석한 『미국의 민주주의』를 썼다. 1835년에 1권이, 1840년에 2권이 나온 이 책은 출간 당시부터 인기를 끌었으며, 미국 사회의 특징을 정확히 포착한 것으로 평가받는다. 그는 민주주의 국가에서 결사체가 가지는 의미를 강조하며 결사체야말로 민주주의의 모태임을 강조한다. 본원적으로 자유는 어디에도 속해 있지 않고 떠도는 상태가 아니라, 자신의 가치와 권리를 옹호하는 결사체를 자유롭게 형성할 수 있는 상태를 의미한다.

개인의 자유는 무한한가?

개인의 행동 중에서 사회의 제재를 받아야 할 유일한 종류는 그것이
타인과 관련되는 경우뿐이다. 반대로 오로지 자신만 관련된 경우 그의
인격의 독립은 당연한 것이고 절대적인 것이다. 자신에 대해, 즉 자신의
신체와 정신에 대해 각자는 주권자이다.

존 스튜어트 밀, 『자유론』

존 스튜어트 밀은 『자유론』에서 이른바 '해악의 원리'를 제시하며 사회나
국가가 개인의 자유를 제한할 수 있는 유일한 조건에 대해 언급한다. 행위의
결과가 자신에게만 영향을 미치는 한 모든 사람은 어떤 선택도 할 수 있고
그 선택은 존중받아야 한다. 하지만 한 개인의 선택이 타인에게도 영향을
준다면, 그 순간 개인의 자유는 절대적일 수 없다. '해악의 원리'를 위반했기
때문이다.

인간은 이기적이지만…

인간이 아무리 이기적이라고 하더라도 그의 본성에는 분명히 다른
이들의 운명에 관심을 갖고, 설사 그들의 행복을 바라보는 즐거움밖에는
아무것도 얻지 못할지라도 그 행복을 자신에게 필요한 것으로 여기게
하는 어떤 원리들이 있다.

애덤 스미스, 『도덕감정론』(1759)

애덤 스미스는 경제학자로 오인되지만, 사실은 도덕철학자로 활동했다.
애덤 스미스 자신은 『도덕감정론』을 가장 중요한 저작이라고 여겼으며
평생에 걸쳐 6번이나 개정했다. 스미스는 인간의 이기심을 부정하지는
않지만, 인간에게는 타인의 운명에 관심을 기울이는 또 다른 본성이 있다고
강조한다.

47

사회적 분업의 기능

분업이 제공할 수 있는 경제적 서비스는 그것이 만들어 내는 도덕적 효과에 비하면 하찮은 것이다. 분업의 진정한 기능은 두 사람 혹은 그 이상의 사람들 사이에 연대감을 창출하는 데 있다.

에밀 뒤르켐, 『사회분업론』(1893)

『사회분업론』은 사회학이라는 학문을 탄생시키는 데 큰 공헌을 한 뒤르켐이 쓴 첫 번째 책이다. 그는 여기서 사회분업은 단순한 노동 과정의 배분을 의미하지 않음을 강조한다. 그는 사회분업이란 사회적 유대를 형성하기 위한 기초를 제공하는 도덕적 현상이라고 재해석한다. 사회분업의 본질은 서로가 서로를 필요로 하게 만드는 것이다.

자아는 주어진 것이 아니라 형성되는 것이다

자아는 태어나자마자 처음부터 존재하는 것이 아니라, 사회적 경험과
활동 과정에서 등장하는 것이다. 즉 자아는 사회적 과정 전체에서,
그리고 사회적 과정 속에서 다른 개인들과 이루어 가는 관계의 결과로,
특정 개인 안에서 발달해 가는 것이다.

조지 허버트 미드, 『정신 자아 사회』(1934)

『정신 자아 사회』는 미국의 사회심리학자 조지 허버트 미드 사후에
제자들이 그의 강의 노트와 미발표 원고를 묶은 책이다. 그에 따르면 자아는
사회 속에서 사회적 상호작용을 통해 구성되는 것이다. 자아가 형성되기
위해서는 사회적 과정이 필수적이다. 만약 어떤 사회가 이기적인 사람으로
가득 차 있다면, 그건 사회가 사람들을 이기적인 인간으로 사회화시켰다는
뜻이다.

49

동일한 역사적 사건이 세대를 만든다

동시대에 산다고 해서 모두가 같은 세대인 것은 아니다. 동일한 역사적 사건을 겪고 그것을 통해 유대감을 느낄 때 비로소 하나의 현실적 세대가 된다.

카를 만하임, 『세대문제』(1928)

만하임은 세대라는 개념에 주목하고 처음으로 세대를 본격적으로 학문적 연구 대상을 삼은 학자다. 출생년도가 같다고 해서 저절로 하나의 세대를 구성하는 것은 아니다. 동일한 출생년도라는 세대 위치를 공유한 사람이 실질적 세대로 전환되기 위해서는 동일한 역사적 사건을 겪으면서 운명 공동체라는 연대감을 가지게 되는 과정이 필요하다.

연대의식은 군중을 공중으로 만든다

공중을 묶어 주는 유대는, 이 아이디어와 이 의지가 '같은 순간'에 수많은
사람들에 의해 공유되고 있다는 것을 각자가 자각하는 데 있다.

가브리엘 타르드, 『여론과 군중』(1901)

광장과 같은 물리적 공간에 밀집해 있는 사람의 집합체가 군중이라면,
'공중'은 단순한 인간 집합체 이상의 의미를 지닌다. 군중은 특정한
아이디어와 의지를 공유하는 정신적 연결로 이어지고, 같은 순간에 특정한
아이디어와 의지를 공유한다는 동시성을 자각하면 이성적 토론이 가능한
'공중'으로 변모한다. 프랑스의 사회학자이자 법학자인 가브리엘 타르드가
이 공중이라는 개념을 창시했다.

51

사사로운 이익 대 공통의 이익

사회적 유대를 형성하는 것은 바로 그처럼 상이한 이해관계에 내재하는 그 공통의 이익이다. 그러므로 모든 이해가 일치하는 합치점이 없으면 어떤 사회도 존재할 수 없다. 그런데 사회는 오로지 이 공통의 이익에 기초해 다스려져야 한다.

장 자크 루소, 『사회계약론』(1762)

사익보다 공통의 이익이 우선시될 때 사회는 유지될 수 있다. 만약 한 개인이 공통의 이익보다 사익을 내세운다면 그는 매우 심각한 반사회적인 행동을 저지르는 셈이다.

국가는 다양성을 전제로 한다

국가는 본성적으로 하나의 복합체다. 따라서 국가는 복합체에서 점점 더 통일체가 되어갈수록 국가 대신 가정이 되고, 가정 대신 개인이 될 것이다. 가정은 국가보다 더 통일체이고, 개인은 가정보다 더 통일체라고 할 수 있기 때문이다. 따라서 국가를 그런 통일체로 만들 수 있다고 하더라도 그렇게 해서는 안 된다. 그럴 경우 국가는 파괴되고 말 것이기 때문이다. 국가는 다수의 사람들뿐만 아니라 여러 종류의 사람들로 구성된다. 서로 같은 사람들로는 국가가 만들어질 수 없기 때문이다.

아리스토텔레스, 『정치학』(B.C. 4세기경)

> 한 사회가 그리고 국가가 구성원의 다양성을 인정하지 않는 것은, 사회와 국가가 스스로 자신을 무너뜨리는 행위이다. 사회는 애초부터 다양한 사람이 모일 때 비로소 만들어질 수 있기 때문이다. 서양 정치 철학의 기원인 아리스토텔레스는 『정치학』에서 국가의 본질이 다양성에 있다고 역설한다.

이기주의는 민주주의를 파괴한다

민주주의 국가에서 개개인이 스스로에게만 집중하게 되면 결국
고립되고, 그 고립은 사회 전체의 약화를 가져온다.

알렉시 드 토크빌, 『미국의 민주주의』(1835/1840)

이기주의와 결합한 개인주의는 구성원 모두를 위험에 빠뜨린다. 개인주의는
단순한 이기심과 달리 사회 구성원 전체를 위협하는 민주주의 사회의
병리현상이다.

PART
4

작지만 위대한 우리의 행동

54

진실은 느리지만 결국 도착한다

진실은 느리게 걷지만, 결국 도착한다.

인도 속담

속담은 민중이 해석한 세상의 이치가 경구 형태로 집약된 것이다. 귀한 것은
쉽게 손에 넣을 수 없다. 진실이 느린 이유는 게을러서가 아니라 진실은
수많은 검증과 숙의를 거쳐 얻을 수 있는 것이기 때문이다. 진실을 알아
가는 건 쉽지 않은 여정이지만, 진실은 결국 세상에 그 모습을 드러내리라
믿는 사람이 있는 한 진실은 언젠가 우리 앞에 그 모습을 드러낸다.

타자의 눈으로 나를 봐서는 안 된다

이것은 기이한 감각이다. 이 이중 의식(double-consciousness) 말이다.
타인의 눈을 통해 자신을 바라보는 것, 경멸과 동정이 섞인
세상의 잣대로 자신의 영혼을 측정하는 감각 말이다.

W. E. B. 듀보이스, 『흑인의 영혼』(1903)

미국의 사회학자이자 인권운동가인 듀보이스는 아프리카계 미국인의 '이중 의식'을 비판한다. 그에 따르면 이 '이중 의식'이란 타자의 눈으로 자기를 바라보는 감각이다. '이중 의식'을 벗어던져야만 진정한 영혼의 해방이 가능하다.

56

자유의 쓰임새

이제 프랑스 법전은 아내의 수많은 의무 중에서 복종을 제외했고, 여성 시민은 누구나 선거권자가 되었다. 그러나 이러한 시민으로서의 자유는 경제적 자립이 수반되지 않을 때 추상적으로 머물게 된다. 남자에게 부양되는 여자는 수중에 투표용지가 있다고 해서 남자에게서 해방되었다고 할 수 없다. (…) 오직 노동만이 여자에게 구체적 자유를 보장해 줄 수 있다. 여자가 기생하는 존재가 되는 것을 멈추는 즉시, 여자의 종속을 토대로 세워진 체계는 붕괴한다.

시몬 드 보부아르, 『제2의 성』(1949)

"여자는 태어나는 것이 아니라 만들어지는 것이다"라는 선언으로 현대 여성주의의 도래를 알렸던 시몬 드 보부아르의 문장이다. 수동성을 거부하라고 외쳤던 보부아르에게 주어진 자유는 의미가 없다. 자유는 주체의 회복된 능동성과 결합할 때 비로소 자유일 수 있는 것이다.

57

정치인이 시민의 믿음을 얻는 가장 좋은 방법

관청의 일은 약속이 있어야 한다. 약속이 믿음을 얻지 못하면 백성들은 수령의 명령을 장난처럼 생각할 것이다. 약속했으면 믿음을 잃어서는 안 된다.

정약용, 『목민심서』(1818)

조선 후기의 학자 정약용은 긴 유배 생활 중에 목민관, 즉 백성을 다스리는 관리가 품어야 할 마음가짐과 원칙을 담은 『목민심서』를 썼다. 정치인에게 절대적으로 요구되는 덕목은 권모술수가 아니라 약속을 지키는 것이다. 약속을 지킬 때 정치인은 비로소 시민으로부터 믿음을 얻을 수 있다.

사회운동은 개인에 대한 분노에서 출발하지 않는다

나는 사형제를 증오하며, 루이에 대해서는 사랑도 미움도 없다. 나는
다만 그의 범죄를 증오할 뿐이다.

로베스피에르, 연설문(1792)

프랑스 혁명 당시 국민공회의 급진파였던 로베스피에르의 연설 중
일부이다. 그는 사형제 폐지론자였지만 국왕 루이 16세 처형과 관련해서는
범죄와 범죄자를 구별해야 한다고 생각했다. 범죄자를 처벌하기 위해서가
아니라 공공 안전을 위한 불가피한 조치로 루이 16세의 사형이 필요함을
역설한 유명한 문장이다.

59

우리가 하나인 이유는?

프롤레타리아가 잃을 것이라고는 자신의 사슬밖에 없으며, 얻을 것은
세계 전체다. 만국의 노동자여, 단결하라!

카를 마르크스 · 프리드리히 엥겔스, 『공산당 선언』(1848)

세계를 변화시키는 것이 중요하다고 역설했던 『포이에르바흐에 관한
테제』에 이어 구체적인 강령을 제시하는 선언문이 『공산당 선언』이다.
마르크스는 가진 것이 많은 이들은 보수적인 데 비해 가진 것이 없는
프롤레타리아는 급진적일 수 있음을 강조한다. 또한 마르크스는 애국주의
대신 국가의 틀을 초월한 국제적 연대가 필요하다는 것을 이 짧은 문장에
모두 담아냈다.

모든 명령에 복종할 필요가 없다

우리는 공공연하고 대담하게 명령을 직시해야 하며 명령으로부터
가시를 제거하는 수단을 찾아야만 한다.

엘리아스 카네티, 『군중과 권력』(1964)

노벨문학상 수상자인 엘리아스 카네티의 평생의 역작 『군중과 권력』에
담긴 문장이다. 카네티에 따르면 '명령'은 유예된 사형선고이다. '명령'에
무조건적으로 따르지 않기 위해서는 '명령'의 본질을 꿰뚫어 '명령' 속의
가시를 발견하는 밝은 눈이 필요하다.

61

힘에는 힘으로

힘에는 힘으로 맞서야 한다.

라인홀드 니버, 『도덕적 인간과 비도덕적 사회』(1932)

개인은 도덕적이고 이타적일 수 있지만 개인이 모인 국가, 계급, 인종은 자기 집단의 이익을 관철하기 위해 움직인다. 집단 사이에는 힘의 논리가 작용한다. 개인에게는 양심에 호소하는 방법도 효과적이지만 불의한 권력을 제어하고 정의를 실현하기 위해서는 그에 상응하는 물리적, 정치적 힘(권력)이 불가피한 경우가 있다. 니버는 개인과 집단 사이의 도덕성 차이를 냉철하게 인식하고 『도덕적 인간과 비도덕적 사회』에서 현실주의 윤리학을 제시했다.

정치를 움직이는 두 가지 힘

정치는 열정과 안목을 동시에 갖고서 단단한 널판지에 끈질기고
강력하게 서서히 구멍을 내는 일입니다.

막스 베버, 『직업으로서의 정치』(1919)

정치는 상반된 자질로 구성되어 있는 과정이다. 정치에서 대의에 대한
헌신을 의미하는 열정은 반드시 필요하다. 하지만 열정만으로는 부족하다.
현실을 직시할 수 있는 통찰력, 즉 안목이 더해져야 한다. 정의는 반드시
행해져야 한다는 신념윤리와 자신의 행동이 가져올 결과를 도외시하지
않는 책임윤리 위에 정치는 서 있어야 한다. 뒤르켐과 마르크스와 함께
사회학의 토대를 세운 베버는 책임 있는 정치의 중요성을 강조했다.

63

망각을 제어하는 기억술

어떤 것이 기억에 남으려면 그것은 낙인처럼 달구어 새겨져야 한다.
끊임없이 고통을 주는 것만이 기억에 남는다. (…) 우리가 '심각하게'
될 때면 언제나 과거가, 가장 오래되었고 가장 심오하며 가장 냉혹한
과거가 우리에게 입김을 불어넣으면서 가슴속에서 용솟음쳐 오른다.

프리드리히 니체,『도덕의 계보』(1887)

인간은 기억보다는 망각을 선호한다. 기억되어야 할 것이 기억되려면
기억하려는 의도적인 기술, 즉 기억술이 필요하다. 원시 인류는 사회적
규칙(빚 갚기, 약속 지키기 등)을 잊어버리는 인간의 '동물적 건망증'을 이기기
위해, 신체에 끔찍한 고통을 가해 규칙을 각인해 왔다. 끔찍한 일을 기억하는
것은 고통스럽지만, 그 일이 되풀이되지 않도록 할 수 있는 유일한 방법은
기억하는 것이다.

64

인간은 자신의 역사를 만든다

인간은 자기 자신의 역사를 만든다. 그러나 자기 마음대로, 즉 자신이
선택한 상황 아래에서 만드는 것이 아니라 이미 존재하는, 주어진,
물려받은 상황 아래에서 만든다. 모든 죽은 세대들의 전통은 마치
꿈속의 악마처럼, 살아 있는 세대들의 머리를 짓누른다.

카를 마르크스, 『루이 보나파르트의 브뤼메르 18일』(1852)

인간은 자신의 역사를 스스로 만드는 의지적인 행위자이지만, 그 의지는
동시에 구조의 제약을 받는다. 세상을 바꾸려면 우리가 물려받은 것 중
우리의 상식과 이성으로 도저히 용납할 수 없는 것이 무엇인지를 파악해야
한다. 좋은 세상은 물려받은 악습을 하나둘 제거해 나갈 때 펼쳐지는 것이다.

개인의 삶은 사회의 역사와 분리되지 않는다

개인의 삶과 사회의 역사, 그리고 이 두 가지의 관계를 동시에 이해하지 않고서는 그 어느 것도 이해할 수 없다.

찰스 라이트 밀즈, 『사회학적 상상력』(1959)

한 개인의 삶 속에는 그가 살아 낸 사회의 모습이 투영되어 있다. 개인의 전기와 사회의 역사는 서로 대립하지 않는다. 개인의 전기 속에서 사회의 역사를 파악해 내고, 사회의 역사에서 구체적인 개인의 모습을 확인하는 것 모두가 필요하다. 20세기 미국의 사회학자 찰스 라이트 밀스는 『사회학적 상상력』에서 사회학의 임무와 연구 방법을 제시함으로써 후대에 큰 영향을 주었다.

66

역사라는 천사의 모습

그의 눈은 부릅떠져 있고, 입은 벌어져 있고, 날개는 펼쳐져 있다. 역사의 천사는 바로 이렇게 생겼을 것이다. 그는 얼굴을 과거로 향하고 있다. 우리가 보는 사슬처럼 엮인 사건들의 연속이 있는 곳에서 그는 오직 단 하나의 파국만을 본다. 그 파국은 폐허 위에 폐허를 끊임없이 쌓아 올리고, 그 폐허를 그의 발 앞에 던져 놓는다. 천사는 거기에 머물러 죽은 자들을 깨우고, 부서진 조각들을 모아 다시 만들고 싶어 한다. 그러나 천국으로부터 폭풍이 불어오고 있고, 그 폭풍은 천사의 날개를 펴지 못하게 할 정도로 강력하게 그의 날개를 움켜쥔다. 그 폭풍은 천사를 저항할 수 없게 미래로 떠밀고 있고, 천사는 등을 돌린 채 이 폐허의 더미가 하늘까지 치솟는 것을 보고 있다. 우리가 진보라고 부르는 것이 바로 이 폭풍이다.

발터 벤야민, 『역사철학테제』(1940)

클레의 〈앙겔루스 노부스(신천사)〉라는 그림으로부터 영감 받아 쓴 벤야민의 문장이다. 승리자의 관점에서 보자면 역사는 진보와 발전의 역사일 수 있으나, 패배자(천사)의 눈으로 보면 역사는 파국의 연속이다. 역사 속에서 진보에 가려져 보이지 않는 파국을 외면하지 않아야 한다. 『역사철학테제』는 유럽의 미학에 지대한 영향을 미친 비평가 발터 벤야민이 나치의 위험을 피해 피레네산맥을 넘어 탈출하다가 자살하기 전 마지막으로 완성한 작품이다.

67

왜 민주사회가 살기 좋은 사회냐고 묻는다면

민주사회를 특징짓는 것은 사람들이 자유롭고 평등한 시민으로서 협력한다는 점이며, (이상적인 경우) 시민들이 협력을 통해 성취하는 것은 정의의 원칙을 실현하고 또한 시민에게 시민으로서 그들의 필요를 충족시켜 주는 전목적적 수단을 제공하는 배경적 제도를 구비한 정의로운 기본 구조이다.

존 롤스,『정치적 자유주의』(1993)

민주주의는 정당한 정치 질서만을 의미하지 않는다. 민주주의는 사람이 사람답게 살 수 있는 정의의 원칙이 사회의 모든 분야에서 실현됨을 의미한다. 롤스는 정의 이론과 자유주의 정치철학 연구에서 기념비적인 업적을 남긴 미국의 정치철학자로,『정치적 자유주의』는『정의론』과 함께 그의 대표적 저서로 꼽힌다.

통치의 존재 이유와 목적은 무엇인가

모든 통치 구조는 오로지 그 아래서 살아가는 이들의 행복을 증진하는 경향에 비례해서 평가된다. 이것이 통치 구조의 유일한 용도이자 목적이다.

애덤 스미스, 『도덕감정론』(1759)

경제학자로만 주로 알려져 있는 도덕철학자 애덤 스미스가 내세운 사회 존립의 제1원칙은 '행복'이다. 정부는 국민의 행복이라는 산출물을 내놓을 때 정당성을 얻을 수 있다.

권력과 통치에 대하여

69

문제는 실질적 변화를 위한 행동이다

철학자들은 세계를 단지 다양하게 해석해 왔을 뿐이다. 그러나 중요한 것은 세계를 변화시키는 것이다.

카를 마르크스, 『포이에르바하에 관한 테제들』(1845)

런던 하이게이트 묘지에 있는 마르크스의 비석에도 새겨져 있는, 마르크스를 상징하는 강력한 아포리즘이다. 아무리 급진적 생각이라 하더라도 관조적 태도를 유지하는 한 세상을 바꿀 수 없다. 세상을 바꾸려면 행동이 불가피하다.

'그럼에도 불구하고'라고 말할 수 있는 사람

자신이 제공하려는 것에 비해 세상이 너무나 어리석고 비열해 보일지라도, 이에 좌절하지 않고 '그럼에도 불구하고(Dennoch)!'라고 말할 수 있는 사람, 오직 그런 사람만이 정치에 대한 '소명(Beruf)'을 가지고 있다.

막스 베버, 『직업으로서의 정치』(1919)

제1차 세계대전 패전 이후 펼쳐진 세상은 비열하고 어리석어 보였으나 베버는 '그럼에도 불구하고' 현실 개선에 뛰어들 용기를 가지라고 호소했다. 정치는 단순히 생계 유지를 위한 수단이어서는 안 되고, '그럼에도 불구하고'라는 내적 명령을 따라야 비로소 '소명'을 다하고 있다고 말할 수 있다. 이 글이 담긴 베버의 책 *Politik als Beruf*는 1919년 뮌헨 대학의 학생 집회에서 한 강연을 바탕으로 한 것으로, 한국어로는 '직업으로서의 정치' 또는 '소명으로서의 정치'라는 제목으로 알려져 있다.

자유를 위한 투쟁에서 인간은 새롭게 태어난다

억압받는 자는 자유를 위한 투쟁 속에서 자신을 발명한다.

프란츠 파농, 『대지의 저주받은 사람들』(1961)

프란츠 파농은 정신분석가이자 알제리의 독립을 위해 투쟁한 혁명가이기도
했다. 파농은 식민지배는 단순한 경제적 수탈이 아니며, 피지배자의
인격과 문화를 송두리째 부정하는 체계적인 비인간화를 낳는다고 보았다.
혁명가 파농은 비인간화된 조건을 거부하고 투쟁을 통해 자기 자신을 다시
발명하라고 외친다.

72

군중의 목소리에 귀 기울여야 하는 시대

유럽에서는 1세기 전만 해도 전통적인 국가 정책과 군주 간의 경쟁이 중대한 사건을 일으키는 주된 요인이었다. 군중의 의견은 별로 중요하지 않을뿐더러 전혀 고려 대상이 아니었다. 오늘날에는 정치적 전통이나 군주 개인의 성향, 군주 간의 경쟁이 더 이상 중요하지 않은 반면 군중의 목소리는 우세해졌다. 군중은 왕에게 어떻게 행동할지를 요구하고, 왕은 군중의 목소리를 듣고자 애쓴다. 이제 국가의 운명은 군주 회의가 아니라 군중의 심정에 따라 결정된다.

귀스타프 르 봉, 『군중심리』(1895)

19세기 말 전쟁과 혁명의 시대를 살아 냈던 귀스타프 르 봉은 중요한 시대의 변화를 감지하여 이 문장에 담았다. 평범한 사람들은 더 이상 권력자들에 의해 운명이 정해지는 수동적인 존재가 아니다. 군중이 어느 방향을 향하느냐에 따라 한 사회와 권력의 운명이 달라지는 것이다. 군중심리 연구의 선구로 꼽히는 그의 책은 오늘날까지도 큰 영향력을 발휘하고 있다.

73

모든 사람은 평등하다

우리는 다음과 같은 진리들이 자명하다고 주장한다. 모든 사람들은 평등하게 창조되었다. 그들은 그들의 조물주로부터 일정한 양도할 수 없는 권리들을 부여받았다. 그러한 권리들에 속하는 것이 생명, 자유, 그리고 행복의 추구이다.

「미국 독립선언문」(1776)

토머스 제퍼슨이 초안을 쓴 1776년 미국 독립선언문에 담긴 문장이다. 이 선언은 이후에 프랑스 혁명 인권선언(1789)과 UN 세계인권선언(1948)의 뿌리가 되었다.

모든 사람은 차별받아서는 안 된다

모든 사람은 인종, 피부색, 성, 언어, 종교, 정치적 또는 기타의 견해, 민족적 또는 사회적 출신, 재산, 출생 또는 기타의 신분과 같은 어떠한 종류의 차별이 없이, 이 선언에 규정된 모든 권리와 자유를 향유할 자격이 있다. 더 나아가 개인이 속한 국가 또는 영토가 독립국, 신탁통치지역, 비자치지역이거나 또는 주권에 대한 여타의 제약을 받느냐에 관계없이, 그 국가 또는 영토의 정치적, 법적 또는 국제적 지위에 근거하여 차별이 있어서는 아니 된다.

「UN 세계인권선언문」(1948)

1948년 12월 10일 UN은 파리에서 세계인권선언을 채택했다. 프랑스 혁명의 선언이 백인, 남성, 재산을 가진 자의 권리를 위한 선언이었다면, 세계인권선언은 인권이란 성별, 인종, 국적, 재산 여부를 초월해 모든 인간이 가진 권리임을 선언한 기념비적 문서이다.

75 국왕조차도 법치의 외부에 있을 수 없다

'국왕은 의회의 동의 없이 법의 효력을 정지하거나 법의 집행을 정지할 수 있는 권력이 있다'는 주장은 위법이다.

「권리장전」(1689)

1689년 12월 16일에 제정된 영국의 권리장전은 당시 국왕인 제임스 2세의 불법행위를 열거한 후, 왕조차도 무소불위의 권력이 될 수 없음을 천명한다. 권리장전 이후 시간이 흐르며 최고 통치자라 하더라도 법이 허용하는 범위 내에서 통치행위를 해야 한다는 것은 세계적인 상식이 되었다. 자신은 예외적 존재이기에 무엇이든 할 수 있다는 최고 권력자의 망상은 그 자체가 응징되어야 할 위법이다.

참된 군주란 무엇인가?

군주 자리에 앉은 사람이 정직함과 올바름에서 조금이라도 벗어날 경우, 그 영향이 전염병처럼 삽시간에 퍼져 무수히 많은 사람의 삶에 타격을 입히고 그들을 파멸로 이끕니다. 군주 자리에 앉으면 쾌락, 방종, 아부, 사치 등과 같이 군주를 정직함과 올바름에서 끌어내리려 유혹하는 것들이 아주 많기 때문에, 군주는 실수로라도 책무를 소홀히 하는 일이 없도록 더욱 정신을 바짝 차리고 경계해야 합니다.

에라스무스, 『우신예찬』(1511)

『우신예찬』은 기독교 인문주의자 에라스무스의 대표작으로, 그는 이 책에 당시 사회지도층의 여러 부패와 죄악을 꼬집는다. 한 명의 잘못된 지도자가 한 국가를, 아니 전 인류를 위험에 빠뜨릴 수도 있음을 우리는 히틀러와 무솔리니 그리고 스탈린을 통해 잘 알고 있다.

11 정당한 권리 없이 무력을 사용하는 자

정당한 권리 없이 무력을 사용하는 자는 누구든지, 법에 근거하지 않고 무력을 행사하는 사회의 모든 성원과 마찬가지로, 그가 무력을 사용하는 상대방에게 전쟁 상태를 도발하는 셈이다. 그 상태에서 이전의 모든 유대는 취소되고, 그 밖의 모든 권리가 중지되며, 모든 사람은 스스로 방어하고 침략자에게 저항할 권리가 있다.

존 로크, 『통치론』(1689)

권력자가 정당한 권리 없이 무력을 사용한다면, 시민에겐 그에게 저항할 권리가 있다. 침해 불가능한 자연권과 이를 지키기 위한 저항권을 강조한 영국 철학자 존 로크의 『통치론』은 민주주의 사상의 원형을 담고 있으며, 미국 독립선언문과 프랑스 인권선언에도 영향을 주었다.

기득권자에게 권력을 맡기면 위험하다

대부분의 분쟁은 기득권자 때문에 일어난다. 이미 얻은 것을 잃을지 모른다는 두려움은 가지지 못한 것을 얻고자 하는 마음에서 일어나는 것과 같은 종류의 욕망을 불러일으키며, 대체로 사람들은 가진 것을 확실히 지키기 위해서는 더 많이 얻어야 한다고 믿기 때문이다. 게다가 기득권자들은 반란을 일으킬 때 더 많은 힘과 세력을 동원할 수 있다.

니콜로 마키아벨리, 『로마사 논고』(1531)

피렌체의 공화주의자 마키아벨리는 공화국의 자유를 지키기 위해 시민(민중)과 귀족(기득권) 중 누구에게 권력을 맡기는 것이 더 안전한가 묻는다. 그의 답은 시민(민중)이다. 기득권자는 이미 가지고 있는 '부'와 '권력'을 자신만을 위해 쓰려 하기 때문이다.

권력자는 권력을 남용하는 경향이 있다

모든 사람은 권력을 가진 자에게 그것을 남용하는 경향이 있다는 것을 경험으로 안다. 권력이 남용되지 않도록 하려면, 사물의 본성상 권력이 권력을 저지하도록 해야 한다.

몽테스키외, 『법의 정신』(1748)

통치자의 선의나 도덕성에 의존하는 정치는 위험하다. 권력의 남용은 개인의 악한 성품 때문이 아니라 권력이라는 속성 자체가 가진 확장성과 부패 경향성 때문에 나타난다. 천사라도 권력을 잡으면 타락할 수 있다는 말은 괜히 나온 것이 아니다. 그렇기에 확장성과 부패 경향성이 있는 권력을 저지할 수 있는 별도의 물리적 제도적 권력이 필요한 것이다. 그래서 프랑스의 계몽사상가 몽테스키외는 『법의 정신』에서 권력의 남용을 막기 위해 권력 분립이 필요하다고 역설했다.

80

미움을 받는 군주는 결국엔

군주는 사랑받는 것보다 두려움을 받는 것이 더 안전하다. 그러나 미움을 받는 것은 피해야 한다.

니콜로 마키아벨리, 『군주론』(1532)

사람들이 군주를 두려워하면 감히 군주에게 저항하지 않는다. 두려움 유발은 권력자가 택할 수 있는 손쉬운 방법이다. 하지만 군주를 두려워함에도 불구하고 사람들이 군주를 증오하기 시작하면, 반란이 시작된다. 군주는 미움을 받으면 결국 몰락한다. 마키아벨리가 메디치 가문에 바치기 위해 쓴 『군주론』은 나라를 다스릴 때 해야 할 일과 하지 말아야 할 일을 정리한 정치학의 고전이다.

통치는 권력이 아니라 덕으로 하는 것이다

덕으로 정치를 하는 것을 비유하자면 북극성이 제자리에 있고 모든 별이 북극성을 받들며 따르는 것과 같다. (…) 백성을 정치로 인도하고 형벌로써 다스리면, 백성들은 형벌을 면하고도 부끄러움이 없다. 그러나 덕으로 인도하고 예로써 다스리면, 백성들은 부끄러워할 줄 알고 잘못도 바로잡게 된다.

공자, 『논어』(B.C. 4세기경)

권력은 강제력이어서는 안 된다. 권력의 힘(力)은 설득력이어야 하고, 모범을 제시하여 세상을 설득할 수 있는 전파력이어야 한다. 법에 기반한 법치보다 덕에 기반을 둔 덕치가 탁월한 통치술인 것도 그 때문이다. 공자와 그 제자들의 어록을 담은 『논어』는 오랫동안 동아시아 통치론의 근간이 되어 왔다.

삼권분립이 필요한 까닭

82

어떤 국가에서든 입법권과 집행권(행정권)이 한 사람 또는 하나의
단체에게 집중된다면 자유는 존재하지 않는다. 사법권이 입법권 및
집행권으로부터 분리되지 않는다면 역시 자유는 존재하지 않는다.

몽테스키외,『법의 정신』(1748)

입법권, 행정권, 사법권이라는 삼권의 분립 필요성을 언급하는
몽테스키외의 문장이다. 몽테스키외에게 자유는 원하는 무엇이든 할 수
있는 방종이 아니라 권력의 남용으로부터 안전한 상태이다. 그는 권력의
남용을 막을 수 있는 최상의 방법은 삼권분립이라고 제안한다.

83 도덕적 자유는 인간을 자신의 지배자로 만든다

단순한 집합적 존재인 주권자는 그 자신을 제외한 어떤 사람에 의해서도
대표될 수 없다. 다시 말해 권력은 위임될 수 있으나, 의지 자체는 위임될
수 없다. (…) 인간은 시민사회와 함께 도덕적 자유를 획득하고, 도덕적
자유는 인간을 자신의 지배자로 만든다. 왜냐하면 욕망에 의해서만
지배되는 것은 노예 상태인 반면, 사람들이 자기 스스로에게 규정한
법에 복종하는 것이 자유이기 때문이다.

장 자크 루소, 『사회계약론』(1762)

주권재민의 원칙을 천명한 루소의 말이다. 직접 민주주의가 불가능할 경우
권력이 위임될 수는 있으나, 권력이 위임된다 하더라도 권력의 출발점인
개인의 '의지' 자체까지 넘겨줄 수는 없다는 루소의 결기가 돋보이는
문장이다.

84 법의 권위가 근거로 삼는 기반

법이 신용을 유지할 수 있는 이유는 그것이 본질적으로 정의로워서가 아니라 단순히 법이기 때문이다. 이것이 바로 법의 권위가 근거로 삼는 신비로운 기반이며, 그 외에 다른 기반이라고는 아무것도 없다. (…) 법만큼 그렇게 중대하고 광범위하게 그리고 일상적으로 과오를 범하는 것도 없다.

미셸 드 몽테뉴, 『에세』(1580)

법은 전지전능하지 않다. 법으로는 세상의 모든 문제를 해결할 수 없다. 법을 잘 아는 인간이 법을 내세워 정의를 훼손하는 법기술을 부리지 못하게 하려면, 법보다 정의를 더 중요하게 여기는 사회적 합의가 필요하다.

85

다수결은 최선의 원칙인가?

미합중국의 헌법을 만들었던 사람들은 모든 사회의 기본법을 위한

다수결 원칙을 인정했지만, 결코 이성의 결정을 다수결로

대체하지는 않았다.

막스 호르크하이머, 『도구적 이성 비판』(1947)

다수결은 최후의 선택이어야 한다. 결정을 내리기 전에 깊은 숙의를 거치지 않고 다수결에 따라 조급히 내린 결정은 '다수에 의한 독재'와 크게 다르지 않다.

무엇이 옳은지에 대한 판단은 강제될 수 없다

내가 당연하게 받아들여야 할 유일한 의무는 언제든 내가 옳다고
생각하는 바를 행하는 것이다.

헨리 데이비드 소로, 『시민불복종』(1849)

미국의 작가 헨리 데이비드 소로가 이 글을 썼던 당시 미국은 노예제도를
유지하며 멕시코 전쟁을 일으키고 있었다. 소로는 이러한 불의를 저지르는
정부에 세금을 내는 것은 불의에 동참하는 것이라 판단했다. 그래서 그는
세금 납부를 거부하고 투옥되는 편을 택했다. 그는 내면의 양심이 가리키는
방향을 따르는 것이 인간의 숭고한 의무임을 강조한다.

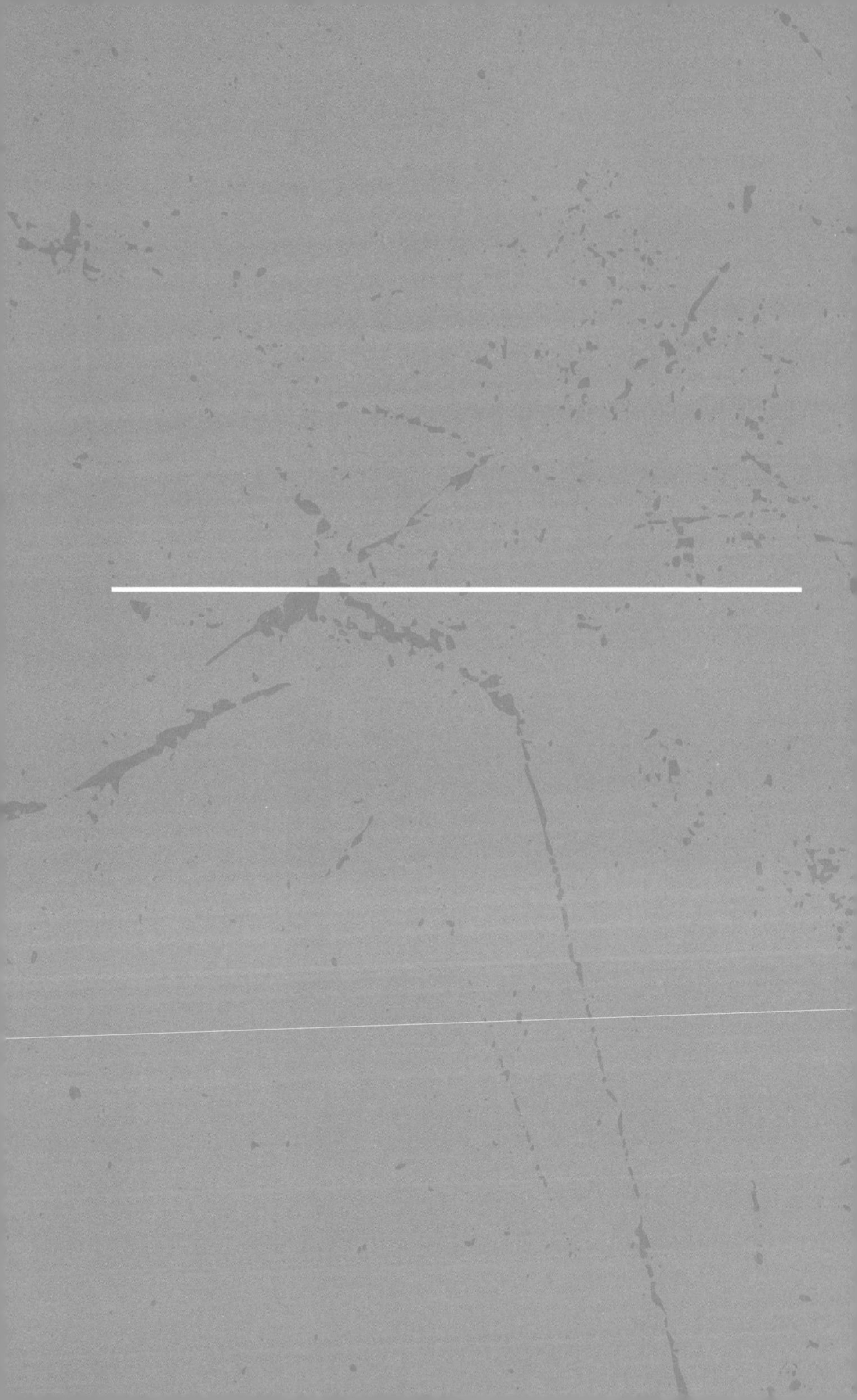

우리가 살고 싶은 나라

희망은 원칙이다

희망을 배우는 일이 필요하다. 희망의 작업은 포기를 모른다. 그것은
실패를 사랑하지 않는다. 실패가 들이닥치면 공포에 질리지 않고
맞선다.

에른스트 블로흐, 『희망의 원리』(1954~1959)

유대인인 블로흐는 나치의 박해를 피해 미국에 망명해 있던 기간 동안
『희망의 원리』를 집필했으며, 제2차 세계대전 후 총 3권으로 출판되었다.
블로흐에게 희망은 막연한 낙관이 아니다. 희망은 현실의 결핍을 직시하고
현실을 바꾸려는 의지이다. 그래서 그는 희망을 배워야 한다고 강조했다.

88

진짜 불행한 나라는

영웅이 없는 나라는 불행하다.

아니, 영웅을 필요로 하는 나라가 불행한 것이다.

베르톨트 브레히트, 『갈릴레이의 생애』(1943)

독일의 대표적인 극작가 베르톨트 브레히트의 『갈릴레이의 생애』는 민중이
역사의 주체가 되는 시대를 바라는 염원을 담고 있다. 이 작품에서 교회의
탄압에 굴복하여 지동설을 철회한 스승 갈릴레이를 보며 제자 안드레아가
"영웅이 없는 나라는 불행하다"라고 비난하자 갈릴레이는 "아니, 영웅을
필요로 하는 나라가 불행한 것이다"라고 응수했다. 특정 개인의 희생이나
영웅적 결단에 의존해서 유지되는 사회는 그 시스템 자체가 이미
병들었다는 뜻이다.

혁명은 언제 일어나는가

국가의 안전은 주권을 가진 사람이나 집단이 모든 계층의 국민을 공평하게 재판할 것을 요구한다. 즉 부유하고 힘 있는 사람들과 가난하고 천한 신분의 사람들에게 평등한 재판을 받게 해서, 부유하고 힘 있는 사람들이 자신들은 죄를 면할 수 있다는 희망을 갖게 되지 않기를 요구한다. 이들을 면죄하는 것은 오만을 낳고, 오만은 증오를 부르며, 증오는 설사 그것이 국가를 파괴하게 되더라도 억압적이고 오만한 힘 있는 세력 모두를 무너뜨리려는 시도, 즉 혁명을 불러온다.

토머스 홉스, 『리바이어던』(1651)

토머스 홉스는 성경에 나오는 괴물의 이름을 딴 이 책을 써서 국가라는 거대한 괴물, 즉 '리바이어던'이 왜 존재해야 하는지 그리고 그 국가가 유지되기 위한 핵심 조건이 무엇인지 묻는다. 법이 강자에게만 관대하다면 약자들은 국가가 자신을 보호하지 않는다고 느낀다. 이는 곧 '사회계약'의 파기를 초래하고, 결국 사람들은 다시 '만인에 대한 만인의 투쟁' 상태로 되돌아간다. 불공정이야말로 국가 붕괴를 초래할 수 있는 격발요인임을 지적하는 문장이다.

90

유토피아는 피지배 집단의 꿈이다

이데올로기는 기존 질서를 유지하려는 지배 집단의 무의식적 기만이며
유토피아는 기존 질서를 파괴하려는 피지배 집단의 꿈이다.

카를 만하임, 『이데올로기와 유토피아』(1929)

이데올로기는 현재의 모순을 감추고 질서를 정당화하려는 담론 체계이다.
반면 유토피아는 현재의 질서를 대체하는 새로운 세상을 꿈꾸는 피지배
집단의 열정을 의미한다.

유토피아가 없는 지도라면

유토피아를 포함하지 않는 세계 지도는 쳐다볼 가치도 없다. 왜냐하면 그 지도는 인류가 항상 상륙하려고 하는 한 나라를 빠뜨리고 있기 때문이다. 인류가 그곳에 상륙하면 더 나은 곳을 보고 다시 닻을 올린다. 진보란 유토피아의 실현이다.

오스카 와일드, 『사회주의 아래에서의 인간의 영혼』(1891)

소설, 시, 동화 작가로 유명한 오스카 와일드는 낭만적인 사회주의자이기도 했다. 오스카 와일드에게 유토피아는 완성된 고정 불변의 이상향이 아니다. 그에게 유토피아는 끊임없이 갱신되는 과정이다. 유토피아는 닿을 수 없기에 가치 있는 지평선과도 같다. 유토피아는 더 나아지려는 의지의 표현에 다름 아니다.

92

정의가 실현되어야 진정한 평화가 온다

진정한 평화는 단지 긴장이 없는 상태가 아니라
정의가 실현되는 상태이다.

마틴 루터 킹 주니어, 「버밍햄 감옥에서 보낸 편지」(1963)

1963년 미국의 흑인 인권운동가 마틴 루터 킹 주니어는 앨라배마주
버밍햄에서 인종차별 반대 시위를 이끌다 체포되어 감옥에 수감되었다.
그는 감옥에서 자신이 부당한 법을 어기는 직접 행동에 나서는 이유를
설명하는 일련의 편지를 썼다. 모든 변화가 긍정될 수는 없다. 어떤
변화는 퇴행이기도 하다. 정당화될 수 있는 변화가 일어났는지는 정의가
실현되었는지 여부로 판가름할 수 있다. 소극적 평화가 긴장이 없는 상태를
뜻한다면, 마틴 루터 킹이 꿈꾸는 적극적 평화는 구조적 폭력이 제거될 때
비로소 실현될 수 있다.

최소한의 벌이가 보장되는 나라

고정적인 생업이 없으면서도 항상적인 마음을 지니는 것은 오직 선비만이 할 수 있습니다. 일반 백성의 경우는 고정적인 생업이 없으면 그로 인해 항상적인 마음도 없어집니다. 만일 항상적인 마음이 없다면 방탕하고 편벽되고 간사하고 사치스러운 행위를 할 것입니다. 백성들이 죄에 빠지는 데 이른 이후에 형벌에 처한다면 그것은 백성을 그물질해 잡는 것입니다. 그러므로 밝은 왕은 백성들의 생업을 제정해 주되 반드시 위로는 부모를 섬기기에 충분하게 하고 아래로는 처자를 먹여 살릴 만하게 하여, 풍년에는 언제나 배부르고 흉년에는 죽음을 면하게 합니다.

맹자, 『맹자』(B.C. 4세기경)

"곳간에서 인심이 난다"고 했다. 평범한 사람들은 경제적 안정이 없으면 도덕적 안정도 얻지 못함을 맹자는 강조한다. 빈곤으로 인해 사람들이 나쁜 일을 저지르는 원인을 개인의 도덕성 결여에서 찾지 않고 국가의 직무유기로 해석하는 맹자의 시선이 돋보이는 문장이다.

94

인간의 행복을 우선시하는 나라

그들은 황금을 귀하게 여기지 않는다. 오히려 인간의 삶과 행복을
최우선으로 여긴다.

토머스 모어, 『유토피아』(1516)

유토피아에 관한 최초의 설계자라 해도 과언이 아닌 토머스 모어가
상상하는 유토피아의 핵심적 특징은 물신주의와의 결별이다. 토머스 모어의
유토피아에서 황금은 누구나 욕망하는 화폐의 상징에서 수치심의 상징으로
전락했다. 유토피아에서는 황금으로 요강을 만들고 범죄자나 노예를 묶는
사슬로 사용한다. 황금 숭배를 근절하기 위해 부러 황금을 천한 용도로
사용하는 것이다.

종교, 언론, 출판, 집회, 청원의 자유가 있는 나라

의회는 종교를 세우거나, 자유로운 종교 활동을 금지하거나, 발언의
자유를 저해하거나, 출판의 자유, 평화로운 집회의 권리, 그리고 정부에
탄원할 수 있는 권리를 제한하는 어떠한 법률도 만들어서는 안 된다.

「미국 수정헌법 1조」

미국의 수정헌법 1조는 입법부가 민주주의를 구성하는 5가지 자유를
제한하는 어떤 법률도 제정하지 못하도록 근원적으로 제한하는 조항이다.
수정헌법 1조가 지금 내용으로 남아 있는 한 종교, 언론, 출판, 집회, 청원의
자유는 그 어떤 것에 의해서도 제한될 수 없다.

96

욕망을 부추기지 않고 욕망이 제어되는 나라

개인적 차원에서는 욕구 수준이 무한하다. 외부의 통제가 없으면 개인의 정서적 욕구는 무한하여 만족을 모른다. 만일 사회가 개인의 욕구를 통제하지 않는다면, 개인에게는 괴로움의 원천이 될 뿐이다. 욕망은 무한하므로 결코 충족될 수 없고 또한 만족을 모르는 것은 정신적 이상의 증거이다. 제한되지 않은 욕망은 언제나 실현 가능한 수준을 넘어서게 마련이어서 결코 충족될 수 없다.

에밀 뒤르켐,『자살론』(1897)

유토피아가 실현된다고 해서 모든 사람이 행복할 수 있는 것은 아니다. 유토피아라는 사회적 조건이 완성되어도 개인이 수행해야 하는 과제는 여전히 남아 있다. 욕망은 채워도 채워지지 않는 밑 빠진 독과 같다. 그 욕망까지 조절할 수 있어야 유토피아에 살고 있는 사람이 '평안'의 상태로 옮겨갈 수 있다.

97

권력의지가 아니라 현명한 지도자가 군림하는 나라

철학자들이 왕이 되지 않거나, 이 세상의 왕들이 철학의 정신과 힘을
가지지 않는 한, 그리고 이 두 가지가 하나로 합쳐지지 않는 한, 도시
국가들은 그들의 재앙에서 벗어날 수 없을 것이며, 인류도 그러할
것이다.

플라톤, 『국가』(B.C. 380년경)

플라톤의 『국가』는 정치학에 관한 최초의 책이라고 볼 수 있다. 플라톤은
힘(권력)이 날뛰지 못하도록 하는 제어 장치가 필요함을 역설한다. 힘(권력)이
남용되지 않도록 하려면, 힘(권력)을 가진 자가 이성(철학)을 겸비하는 것이
좋다. 힘은 가졌으되 이성적 면모를 찾아볼 수 없는 자가 통치하는 국가에서
재앙은 불가피하게 일어난다.

문화의 힘으로 강해진 나라

나는 우리나라가 세계에서 가장 아름다운 나라가 되기를 원한다. 우리의 부력(富力)은 우리의 생활을 풍족히 할 만하고 우리의 강력(强力)은 남의 침략을 막을 만하면 족하다. 오직 한없이 가지고 싶은 것은 높은 문화의 힘이다. 문화의 힘은 우리 자신을 행복하게 하고 나아가서 남에게 행복을 주겠기 때문이다.

김구, 『백범일지』(1947)

99

모두가 자신의 재능을 발전시키는 나라

공산주의 사회에서는 아무도 한 가지 활동 영역에 갇혀 있지 않으며, 누구나 자신이 원하는 대로 재능을 발전시킬 수 있다. 사회가 생산을 조절하기 때문에 나는 오늘 이것을 하고 내일 저것을 하며, 아침에는 사냥을 하고, 오후에는 낚시를 하며, 저녁에는 가축을 기르고, 저녁 식사 후에는 비판을 할 수도 있다. 내가 그렇게 되고 싶지 않다면 사냥꾼도, 어부도, 목동도, 비판가도 되지 않아도 된다.

카를 마르크스, 『독일 이데올로기』(1845~1846)

20대 마르크스가 격정적으로 묘사한 유토피아의 모습이다. 그가 생각하는 유토피아는 노동의 소외가 지양되어 모든 사람이 전인적 인간으로 변모할 수 있는 기회가 보장되는 곳이다.

모두가 현인이 되는 나라

일백 명 현인이 한 집에 모이면 정말 빛이 나 장관일 거야. 옛사람이
공평하게 못한 것 바로잡고 옛사람이 내린 단안 뒤집을 테지.

이언진, 『호동거실』(18세기)

조선의 중인 출신의 요절한 천재 이언진(1740~1766)의 전복적인 사고가
돋보이는 문장이다. 그는 죽기 전에 실의에 빠져 자신의 쓴 글을 직접
불살라 버렸는데, 그의 아내가 일부를 빼돌려 대표작인 170수의 연작시
『호동거실』은 남을 수 있었다. 이언진은 기성의 권위에 대한 무조건적인
숭배를 거부한다. 그는 지성이 특별한 한 두 명의 사람에게 귀속되는 것도
원하지 않는다. 바람직한 사회는 모든 사람이 현명해질 때 비로소
실현될 수 있다.

저작권 출처

여기 수록된 문장이 담긴 책 중 정식 저작권 계약을 맺고 출판 중인 책에 대해서는 해당 출판사에 사용 허락을 받았습니다. 흔쾌히 허락해 주신 관계자분들께 감사를 전하며 출처를 밝힙니다.

- 라인홀드 니버, 이한우 옮김, 『도덕적 인간과 비도덕적 사회』, 문예출판사, 2017.
- 허리처드 호프스태터, 유강은 옮김, 『미국의 반지성주의』, 교유서가, 2025.
- 막스 호르크하이머, 박구용 옮김, 『도구적 이성 비판』, 문예출판사, 2022.
- 시몬 드 보부아르, 이정순 옮김, 『제2의 성』, 을유문화사, 2021.
- 엘리아스 카네티, 강두식 · 박병덕 옮김, 『군중과 권력』, 바다출판사, 622쪽, 2010.
- 카를 야스퍼스, 이재승 옮김, 『죄의 문제』, 앨피, 2014.
- 허버트 마르쿠제, 김인환 옮김, 『에로스와 문명』(개정판), 나남, 2017.